Aus dem chemischen Laboratorium der Königlichen Bergakademie Berlin

Beitrag

zur

Frage der Rohrverzinkung

Von

DR. O. KRÖHNKE

———

Mit 20 Abbildungen und 5 graphischen Darstellungen

Sonderabdruck aus dem Gesundheits-Ingenieur 1911, Nr. 40

Druck und Verlag von R. Oldenbourg in München und Berlin

Beitrag zur Frage der Rohrverzinkung.

Von Dr. O. Kröhnke.

Zum Schutz eiserner Rohre gegen die angreifenden Einwirkungen ihrer Umgebung haben hauptsächlich drei Verfahren eine praktische Bedeutung erlangt: Der Schutz durch Anstriche, durch Gewebeumhüllungen und durch Metallüberzüge; unter den letzteren ist in erster Linie die Verzinkung zu nennen.

Es sind eine ganze Reihe von offensichtlichen Vorteilen, welche die Verwendung des Zinks zum Schutz eiserner Rohre nahelegen; abgesehen von dem verhältnismäßig geringen Preis des Zinks, seiner einfachen und billigen Auftragung auf die Rohre und der unter gewöhnlichen Verhältnissen geringen Oxydationsneigung des Metalls, liegt ein wesentlicher Vorzug der Verzinkung in den elektrochemischen Beziehungen begründet, welche zwischen Zink und Eisen bestehen.

Bei Berührung eines unedleren Metalles mit der Lösung von Kationen eines edleren Metalles nimmt das unedlere Metall infolge seiner Lösungstension in seiner Metallphase ein höheres negatives Potential an, als es mit den Lösungen edlerer Kationen im allgemeinen im Gleichgewicht ist, d. h. das unedlere Metall muß auf die Kationen aller edleren Metalle als Entladungspotential wirken und die durch Entladung der edleren Metallionen dem unedleren Metall zugeführten positiven Ionenladungen befähigen dieses, durch Erhöhung seiner Lösungstension mit einer dem abgeschiedenen Metall äquivalenten Menge selbst in Lösung zu gehen.

Von den praktisch in Betracht kommenden Metallen wirkt nur das Zink dem Eisen gegenüber als Entladungspotential. Das Zink opfert sich, wenn es mit Eisen in Berührung steht, gewissermaßen dem letzteren zuliebe auf und gewährt ihm meist solange einen Schutz vor chemischen Angriffen, bis die letzte Spur von Zink von der Berührung mit dem Eisen verschwunden ist.

Im Gegensatz zum Zink sind andere Metalle wie Zinn und Kupfer, welche ebenfalls zum Schutze von Eisenoberflächen gegen chemische Angriffe verwendet werden, oft sehr zweifelhafte Schutzmittel. Solange sie in zusammenhängender Form das Eisen umkleiden, kann eine chemische Einwirkung auf das Eisen natürlich nicht stattfinden, weil ein vollkommen mit dem Metall bedecktes Eisenstück

sich in bezug auf seine Widerstandsfähigkeit gegen chemische Angriffe nicht anders verhält wie ein Stück des reinen Metalles, welches den Metallüberzug bildet. Sobald aber eine geringe Verletzung der zusammenhängenden Oberfläche des Überzugsmetalles erfolgt ist, was bei der praktischen Verwendung des überzogenen Gegenstandes auf die Dauer nicht zu verhindern ist, findet ein chemischer Angriff ein Metallpaar vor, bei welchem die Einwirkung in der Weise erfolgt, daß sich das in der Spannungsreihe höherstehende Metall für das andere aufopfert. In diesem Falle würde gerade das Eisen stärker als allein für sich zerstört werden, dessen Schutz durch den Überzug erreicht werden sollte.

Diejenigen Metalle, welche dem Eisen gegenüber nicht als Entladungspotential wirken, bilden daher lediglich einen rein mechanischen Schutz für die Eisenoberfläche, und schützen nur so lange, als der Schutzüberzug unverletzt ist. Sobald aber eine Beschädigung stattgefunden hat, ist das Eisen dem Rosten mehr verfallen als ohne die Gegenwart eines solchen Überzuges, weil das edlere Metall an den freiliegenden Stellen fortwährend den Angriff auf das Eisen befördert.

Infolge des Vorzuges, welcher dem Zink als Schutz gegen die Rosteinwirkungen durch sein elektrochemisches Verhalten dem Eisen gegenüber zukommt, hat die Rohrindustrie die Verzinkung in ausgedehnter Weise sich nutzbar gemacht; soweit nicht wirtschaftliche Bedenken entgegenstehen, werden verzinkte Rohre vielfach zur Verlegung gebracht, wo stärkere Angriffe auf die Rohre angenommen werden.

Eiserne Rohrleitungen unterliegen nun einer großen Anzahl verschiedenartiger und besonderer Angriffswirkungen.

Zweckmäßig lassen sich diese Einwirkungen in Zerstörungsursachen mechanischer, physikalischer und chemischer Natur einteilen. Zu den letzteren sind die durch Wasser, Salzlösungen, Säuren und Alkalien und im Anschluß hieran durch aktive Gase hervorgebrachten Einwirkungen zu rechnen.

Zu den mechanischen Zerstörungsfaktoren gehören alle diejenigen Verhältnisse, welche eine mechanische Beschädigung der Rohre bzw. ihrer Schutzumhüllungen beim Verladen, Bearbeiten und Verlegen herbeiführen, ferner Biegungs- und Festigkeitsbeanspruchungen durch das Gewicht der über dem Rohre befindlichen Erdmassen, durch Ausdehnung

1

der Rohre infolge von Temperaturwechsel, ferner Abnutzung der Überzüge infolge Reibung der mit ihnen in Berührung kommenden Sand- und Wasserteilchen, innere Strukturveränderungen infolge von Erschütterungen u. a.

Als Zerstörungsursachen physikalischer Natur kommen elektrische Einflüsse in Betracht, und zwar idioelektrische oder elektrische Einwirkungen anderer Herkunft, unter welchen besonders die vagabundierenden Ströme zu nennen sind.

Um diesen Beanspruchungen für einen gewissen Zeitraum Widerstand zu bieten, müssen eine Reihe verschiedener Eigenschaften von einer guten Verzinkung gefordert werden:

Die Rohre müssen an allen Stellen verzinkt sein; die Zinkschicht muß auf dem Rohr so fest sitzen, daß sie beim Transport oder bei der Verarbeitung der Rohre nicht abblättert oder abplatzt; sie muß eine gewisse Härte besitzen, um den mechanischen Beanspruchungen durch den Bodenschub, durch den Angriff von Sandteilchen u. a. wirksam begegnen und auch chemischen Einwirkungen bis zu einem gewissen Grade widerstehen zu können. Die Struktur des eisernen Rohres darf durch die Vorgänge bei der Verzinkung nicht ungünstig beeinflußt werden; der Überzug soll möglichst keine Verunreinigungen durch fremde Metalle enthalten und aus reinem Zink bestehen. Auch annähernde Gleichmäßigkeit der Zinkschicht ist erwünscht. Es erübrigt sich, hinzuzufügen, daß die Verzinkung der hygienischen Anforderung möglichster Bleifreiheit entsprechen muß.

Einzelnen Anforderungen, welche an eine brauchbare Verzinkung gestellt werden müssen, ist in der nachfolgenden Arbeit durch besondere Ausgestaltung von Untersuchungsmethoden Rechnung getragen worden.

Die Prüfung erstreckte sich auf die zurzeit gebräuchlichen Arten der Verzinkung, auf die sog. Heißbad- oder Feuerverzinkung, unzutreffend auch galvanische Verzinkung bezeichnet, und die erst in den letzten Jahren bekannter gewordene Verzinkung auf elektrischem Wege.

Beiden Verfahren werden Vorzüge und Nachteile zugesprochen; es war daher zu untersuchen, wieweit die einzelnen Einwendungen und Empfehlungen für die beiden Verfahren ihre Berechtigung haben.

Als Vorzüge der Heißbadverzinkung werden genannt: Die Entstehung einer metallisch glänzenden und glatten, in sich festen Schutzdecke, mit ihren geringeren Angriffspunkten für die zerstörenden Einflüsse; die Bildung einer stärkeren und gleichzeitig fester an dem Unterlagmetall haftenden Zinkschicht und als Folge davon eine zuverlässigere Schutzwirkung und geringere Verletzungsmöglichkeit des Überzuges; auch soll nach einigen Angaben die Heißbadverzinkung sich billiger stellen als eine halb so starke elektrolytische Verzinkung.

Auf der andern Seite werden als Vorteile der elektrolytischen Verzinkung von Rohren angegeben: Gleichmäßigkeit, Weichheit und Dehnbarkeit der Zinkschicht, die Möglichkeit der Verzinkung sämtlicher Rohrstellen, z. B. auch der Gewinde, Gewinnung eines von fremden Metallen freien Zinküberzuges.

Die einzelnen Verfahren sowohl der Heißbadverzinkung wie auch der elektrolytischen Verzinkung weisen unter sich verschiedene Abweichungen auf und schon die oberflächliche Betrachtung der nach den verschiedenen Methoden verzinkten Gegenstände deutet darauf hin, daß auch die entstehenden Zinküberzüge unter sich verschiedene Eigenschaften besitzen. Es mußten daher bei der Untersuchung die Verfahren verschiedener Firmen herangezogen werden, um ein einigermaßen abschließendes Urteil zu erlangen. Infolgedessen wurden direkt von einzelnen Rohrwerken im Heißbad- und elektrolytisch verzinkte Rohre zur Untersuchung erbeten;

ferner wurde das weiter unten beschriebene Probematerial an sechs größere, in dieser Arbeit mit Buchstaben bezeichnete Verzinkungsfirmen zum Zwecke der Verzinkung eingesandt.

Interessant und wertvoll wäre eine Bewertung der erhaltenen Untersuchungsergebnisse unter Berücksichtigung der Herstellungsverfahren mit ihren Modifikationen gewesen. Leider aber mußte mit Rücksicht auf die Fabrikationsgeheimnisse der Werke auf diese Art der Behandlung des Gegenstandes verzichtet werden.

Das den Verzinkereien eingesandte Probematerial entstammte normalen Eisenrohren aus Fluß- und aus Schweißeisen. Die Rohre wurden vor der Verzinkung einer eingehenden chemischen und metallographischen Untersuchung unterzogen, deren Ergebnisse folgende sind:

	Gehalt an fremden Bestandteilen	
	Rohr I (Flußeisen) %	Rohr II (Schweißeisen) %
Gesamtkohlenstoff	0,04	0,07
Gebundener Kohlenstoff . .	0,04	0,07
Graphit	—	—
Kupfer	0,06	0,05
Schwefel	0,08	0,02
Mangan	0,35	0.23
Silicium	0,02	0,08
Phosphor	0,02	0,095

Der metallographische Befund hat folgendes ergeben:

Das flußeiserne Rohr stellt kohlenstoffarmes gutes Material ohne Fehler, Schlacken, Risse und Seigerungen dar.

Das schweißeiserne Rohr zeigt eine marmorierte Grundmasse und langgezogene dunkle Linien, welche von Schlackeneinschlüssen im Material herrühren. Bei stärkerer Vergrößerung waren in den Schlacken Silikatkriställchen zu beobachten. Die Untersuchung hat das charakteristische Gefüge des Schweißeisens erkennen lassen.

Die Rohre wurden vor ihrer Verzinkung auf der Außenseite in ihrer ganzen Länge abgedreht, dann in einzelne Ringe von 50 mm Länge und ein Teil dieser Ringe wieder in je vier Segmente geschnitten. Auf diese Weise wurden einzelne Stücke der beiden Rohrarten von gleich dimensionierten Oberflächen erhalten, deren Außenfläche das Material der Eisensorte, und deren Innenseite die natürliche Oberfläche des fertigen Rohres aufwiesen.

Die nachstehenden Untersuchungsergebnisse beziehen sich auf dieses Vergleichsmaterial, und nur, wenn besondere Erscheinungen bei der Prüfung sich bemerkbar machten, wurde auch das direkt von den Rohrwerken bezogene Material für die Beurteilung mitverwendet. Es konnte ja immerhin der Fall möglich sein, daß die für die Untersuchungszwecke verzinkten Versuchsstücke durch besondere Mittel, wie sie der praktische Betrieb im allgemeinen nicht zulassen würde, vorteilhaft vorbereitet sein konnten; als Kontrolle hierfür diente dann das erwähnte verzinkte Rohrmaterial, welches dem praktischen Betrieb entnommen war. Da die Rohrsegmente im Sommer 1909 zur Verzinkung gelangten, so beziehen sich die Ergebnisse auf den damaligen Stand der Verzinkungstechnik.

Allgemeine Prüfung.

Die allgemeine Prüfung der verzinkten Versuchsstücke erstreckte sich, zum Teil unter Zuhilfenahme einer Lupe, auf Farbe, Glanz und Oberflächenerscheinungen des Zinküberzuges.

Das Aussehen der Verzinkung ist im allgemeinen bei Röhren von untergeordneter Bedeutung. In Farbe und Glanz zeigten sich zwischen den Heißbad- und elektrolytischen Verzinkungen auch keine grundsätzlichen Unterschiede. Die elektrolytisch erzeugten Niederschläge wiesen im allgemeinen mit Ausnahme der mit E. G. bezeichneten Stücke nicht den schönen Silberglanz auf, wie er meist bei den im Heißbad verzinkten Versuchsstücken beobachtet werden konnte; ihre Farbe wechselte je nach dem angewendeten besonderen Verfahren von einem stumpfen Grau bis zu einem matten Silberweiß, welchem durch Bürsten und andere Maßnahmen ein Anflug von Glanz gegeben werden konnte. Gelbliche oder bräunliche und im Sonnenlicht rötlich schillernde Färbungen, welche von einigen Autoren auf ein mangelhaftes Ausspülen bzw. unvollkommenes Neutralisieren des nach der Verzinkung auf den Gegenständen noch anhaftenden Elektrolyten zurückgeführt werden, wurden bei den vorliegenden Prüfungsobjekten nicht beobachtet.

Bei den Oberflächenerscheinungen ist in erster Linie auf Kontinuität der Verzinkung, auf eine unterbrechungsfreie Überzugsschicht zu achten, ferner auf das Vorhandensein örtlicher Erhöhungen, Vertiefungen, Verdickungen, Zacken, Wülste und Grübchen zu prüfen. Die elektrolytisch verzinkten Waren zeigten bisweilen streifige Niederschlagsfehler (Konzentrationslinien), deren Ursachen nach einigen Autoren ebenfalls in den oben erwähnten Verhältnissen zu suchen sind; ebenso auch die oft zu beobachtenden grübchenartigen Vertiefungen (sog. Gasstiche) und Flecke auf der Zinkfläche, welche meist nur mit einem Vergrößerungsglase wahrnehmbar waren; andere Autoren führen diese Erscheinungen auf kathodische Gasentwicklung, auf ein mit fremden Salzen versetztes Elektrolyt oder auf mangelhaft angeordnete Anoden zurück.

Während die heißverzinkten Gegenstände, abgesehen von tropfenartigen Gebilden, welche beim Erstarren der abfließenden Schmelzmasse entstehen, teilweise Verdickungen der Überzüge und zwar hauptsächlich dort aufwiesen, wo das Verzinkungsobjekt kleine Höhlungen und Löcher besaß, machte sich bei den elektrolytischen Verzinkungsverfahren manchmal die umgekehrte Erscheinung bemerkbar: die Verdickungen traten hier gerade an den vorstehenden Ecken, Kanten und Erhöhungen des verzinkten Gegenstandes auf, und die tiefer liegenden Teile waren dünner überzogen.

Diese Erscheinungen waren bei einzelnen Versuchsstücken nach bestimmten Verfahren, freilich meist nur in geringem Grade, zu beobachten. Sie ließen sich gut nach Anfertigung von Querschnitten an den Versuchsstücken auf mikroskopischem Wege nachweisen. Die übrigen genannten Fehler, welche in der Verzinkung auftreten können, waren bei den geprüften Versuchsstücken nicht zu sehen.

Die einzelnen Beobachtungen bei der mikroskopischen Prüfung waren im übrigen folgende:

Verfahren	Firma	Beschaffenheit des Zinküberzuges
Elektr.	G.	Grau, matt ohne Glanz, gleichmäßig,
»	E. E.	weißgrau, ohne Glanz,
»	E. B.	weißgrau, matt, etwas rauh, gleichmäßig,
»	E. G.	weiß, glänzend, ziemlich glatt, gleichmäßig,
Heißbad	N. J.	weiß, glänzend, glatt, gleichmäßig,
»	K. R.	silberfarbig, mit hohem Glanz, sehr glatt und gleichmäßig.

Bestimmung der Stärke des Zinküberzuges.

Für die Wirksamkeit des Schutzes sind Stärke und unter Umständen auch die Gleichmäßigkeit der Zinkschicht von Bedeutung.

Die Verhältnisse, welche eine Ungleichmäßigkeit der Zinkschicht bei der Heißbadverzinkung hervor-

rufen können, indem das flüssige Zink einerseits Vertiefungen und Einkerbungen der Außenwand stärker ausfüllt und anderseits an erhabenen Stellen leichter abläuft, pflegen bei Rohren unter Anwendung neuerer Verfahren nur in geringem Grade in die Erscheinung zu treten, auch dort, wo Stücke größerer Längen zu verzinken sind, als es bei den zur Untersuchung herangezogenen Segmenten und Rohrabschnitten der Fall war. Ebenso haben auch jene Verhältnisse, welche bei der elektrolytischen Verzinkung ähnliche Mängel hervorrufen, indem das Zink an den hervortretenden Stellen des Gegenstandes in größerer Menge niedergeschlagen wird als an anderen Teilen der Oberfläche, für die Rohrverzinkung geringere Bedeutung.

Es ist wiederholt behauptet worden, daß bei dem Heißbadverfahren nur Zinkschichten von außerordentlicher Ungleichmäßigkeit gewonnen werden können, daß dieser Fehler in dem Verfahren begründet liege und daher nicht zu beseitigen sei. Nach den von mir erhaltenen Untersuchungsergebnissen kann dieser Einwand nicht als grundsätzlich richtig angesehen werden. Es gibt Heißbadverzinkungsverfahren, bei welchen der beregte Übelstand sich gar nicht bemerkbar macht oder wenigstens auf ein Minimum beschränkt ist. Z. B. hat das Verfahren K. R. durchweg Zinkschichten von praktisch völlig genügender Gleichmäßigkeit ergeben. Auf welche Weise diese Vorteile erreicht werden, entzieht sich freilich meiner Beurteilung, würde auch außerhalb des Rahmens dieser Arbeit liegen.

Die Ungleichmäßigkeit einer Zinkschicht würde wohl auch nur dann in der Praxis von Bedeutung sein können, wenn der Zinküberzug an seinen dünnsten Stellen so schwach wäre, daß seine Schutzwirkung illusorisch sein würde. Dieser Fall scheint aber bei der Heißbadverzinkung nicht denkbar, es muß vielmehr als ein wesentlicher Vorteil der Heißbadverzinkung betrachtet werden, daß die Gefahr der Entstehung ungenügend starker Zinkschichten an einzelnen Teilen des Rohres so gut wie ausgeschlossen ist und daß selbst die dünnsten Stellen immer noch eine mehr als hinreichend dicke Zinkschicht aufweisen.

Von größerer Bedeutung ist daher die Feststellung der Stärke der Zinkschicht, welche unter eine Mindestgrenze nicht herabgehen darf.

Zur Ermittelung der Stärke der Zinkschicht mußte der Gehalt der Segmente an Zink beiderseitig, d. h. also auf der Innen- und Außenfläche der verzinkten Rohrflächen bestimmt werden; dies geschah in folgender Weise[1]):

Scharf aus den Rohrsegmenten geschnittene Stücke wurden, nachdem die äußere bzw. innere Schicht durch sorgfältiges Abfeilen entfernt war, genau ausgemessen, mit Alkohol, Alkoholäther und Äther von Fett befreit und nach dem Trocknen im Trockenschrank gewogen. Die Stücke wurden sodann in verdünnte Kalilauge gelegt und so lange auf dem Wasserbade erwärmt, bis die Zinkschicht sich gelöst hatte. Dann wurden die Stücke mit heißem Wasser abgespült, wie angegeben, getrocknet und gewogen. Die Kalilauge wurde mit Wasser verdünnt, mit verdünnter Schwefelsäure neutralisiert, mit ein wenig Ammoniak versetzt, aufgekocht und das ausgeschiedene Aluminiumhydroxyd abfiltriert und als Al_2O_3 bestimmt. Das Filtrat wurde mit einigen Tropfen Schwefelsäure wieder neutralisiert, mit festem Rhodanammonium versetzt und in die zwei Stunden auf 90° erhitzte Flüssigkeit Schwefelwasserstoff eingeleitet. Das abfiltrierte Zinksulfid wurde durch Glühen im Rosetiegel als solches bestimmt.

Die auf den Quadratzentimeter der Gesamtinnen- und Außenfläche der Versuchsstücke erhaltenen Werte für den Zinkgehalt finden sich in Tabelle I und in der zugehörigen

---

[1]) Die chemischen Analysen sind für mich in einem Staatsinstitut ausgeführt worden.

graphischen Darstellung I. Die Volumina der Zinkschichten wurden aus den Werten für die Zinkmengen berechnet und sind in Tabelle II wiedergegeben.

Unter Zugrundelegung einer Oberfläche von 44 qcm auf der Außenseite und 39 qcm auf der Innenseite der Rohre ergeben sich ferner die Werte der Tabelle III für die Stärke des Zinkbelages in mm.

Die Ergebnisse zeigen, daß die Stärken der Zinkschichten bei der technischen Rohrverzinkung innerhalb weiter Grenzen schwanken können. Z. B. ist die schwächste elektrolytische Verzinkung im vorliegenden Falle ungefähr 40- bis 50 mal so dünn, als die stärkste Heißbadverzinkung. Daß die mir verzinkten Stücke mit einer Zinkauflage von nur 20 g pro Quadratmeter zur Untersuchung eingesandt werden konnten, scheint dafür zu sprechen, daß eine Anzahl Firmen sich noch nicht klar darüber war, welche Minimalmengen für Zink aufgewendet werden müssen, um den Schutz nicht von vornherein illusorisch zu gestalten.

Es wäre verfehlt, aus den erhaltenen Ergebnissen einen Mittelwert als rationelle Stärke eines Zinküberzuges für Rohre herleiten zu wollen. Die beiden Arten der Verzinkung, die elektrolytische und die Heißbadverzinkung, lassen sich auch nicht auf diesem indirekten Wege vergleichen, wie es vielfach in der einschlägigen Literatur geschieht. Wohl darf gesagt werden, daß eine Verzinkung niemals zu stark sein kann, und die einzige Beschränkung wird die Stärke der Zinkschicht nur durch wirtschaftliche Momente erfahren. Da aber die Kostenfrage von vielen einzelnen Faktoren abhängig und daher variabel ist, wird zweckmäßig eine mindestzulässige Stärke der Zinkschicht angenommen werden müssen, unter welche zu gehen praktisch nicht ratsam erscheint. In der Literatur werden als solche Mindestmenge 350 g pro Quadratmeter angegeben.

Zurzeit liegen noch wenig verläßliche Angaben vor, wie stark die Zinkschichten bei Eisenrohren angewendet werden müssen, um den Ángriffen der Einwirkungen des Bodens und des durch die Rohre geleiteten Mediums genügenden Widerstand bieten zu können. Das wird auch nicht generell festzulegen und von den jeweiligen Verhältnissen abhängig zu machen sein. Die Firma G., welche nach dem elektrolytischen Verfahren verzinkt, gibt an, daß sie eine Auflage von 150 bis 200 g Zink pro Quadratmeter und darüber vorschreibt, während bei den Heißbadverzinkereien heute mit einer durchschnittlichen Zinkmenge von 500 bis 600 g pro Quadratmeter gerechnet wird. Unter normalen Verhältnissen (bei Hausinstallationen) soll einem Rohr mit einer Zinkauflage von etwa 350 g pro Quadratmeter eine Lebensdauer von 20 bis 40 Jahren zugeschrieben werden können. Freilich wird natürlich die Widerstandsfähigkeit des Zinküberzuges, gleiche Beanspruchungen vorausgesetzt, nicht nur durch die Stärke der Schicht, sondern, wie später gezeigt werden wird, auch noch durch andere Faktoren bedingt, und ist z. B. abhängig von den physikalischen Eigenschaften der Schicht, ihrer Haftbarkeit auf dem Unterlagmetall und ihrem Gehalt an fremden Stoffen. Da Rohre den verschiedensten mechanischen und chemischen Einwirkungen ausgesetzt sein können, wird es zweckmäßig sein, die Zinkmenge größer zu wählen.

Die Kupfersulfatprobe.

Im Zusammenhang mit der Bestimmung der Stärke des Zinkbelages steht die sog. Preecesche Probe, welche in folgender Weise ausgeführt wurde:

Die verzinkten Rohrstücke wurden durch Abbürsten sorgfältig gereinigt und in eine Lösung von Kupfersulfat, die auf einen Teil Kupfersulfat zwölf Teile Wasser enthielt,

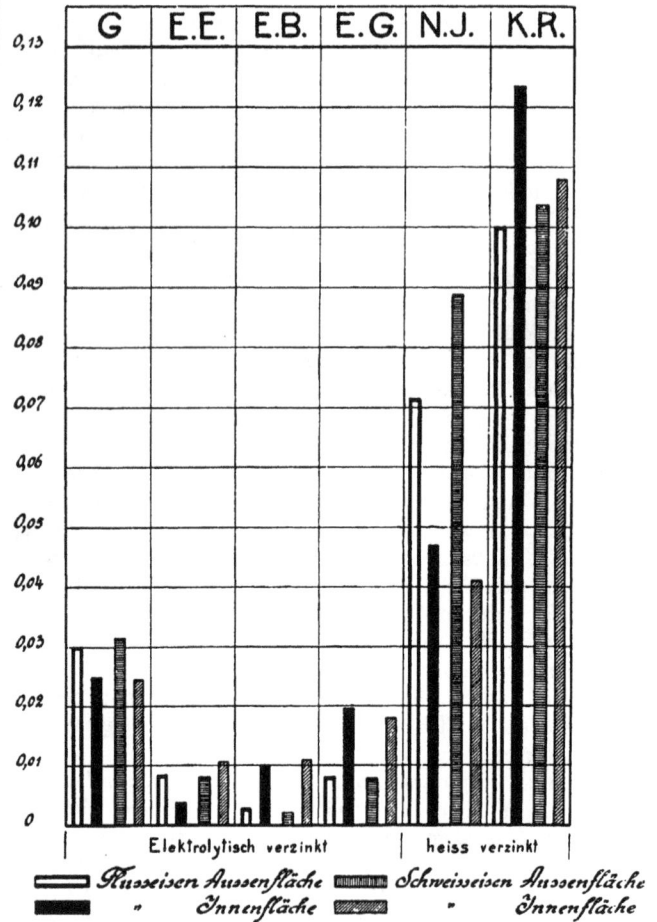

Tabelle I
Zinkgehalt der Versuchsstücke in g pro qcm.

Elektrolytisch verzinkt | heiss verzinkt

Flusseisen Aussenfläche | Schweisseisen Aussenfläche
" Innenfläche | " Innenfläche

Tabelle I.
Zinkgehalt der Versuchsstücke in g pro qcm.

Verfahren	Firma	Eisensorte	Außenfläche	Innenfläche
Elektr.	G.	Fl.	0,0305	0,0316
»	»	S.	0,0250	0,0245
»	E. E.	Fl.	0,0083	0,0080
»	»	S.	0,0037	0,0106
»	E. B.	Fl.	0,0027	0,0019
»	»	S.	0,0104	0,0110
»	E. G.	Fl.	0,0080	0,0780
»	»	S.	0,0197	0,0181
Heißbad	N. J.	Fl.	0,0715	0,0888
»	»	S.	0,0470	0,0410
»	K. R.	Fl.	0,1005	0,1037
»	»	S.	0,1236	0,1079

Zinkgehalt pro Segment:

Elektr.	G.	Fl.	1,3420	1,2324
»	»	S.	1,1000	0,9555
»	E. E.	Fl.	0,3650	0,3120
»	»	S.	0,1628	0,4134
»	E. B.	Fl.	0,1188	0,0741
»	»	S.	0,4576	0,4290
»	E. G.	Fl.	0,3520	0,3042
»	»	S.	0,8668	0,7059
Heißbad	N. J.	Fl.	3,1460	3,4632
»	»	S.	2,0680	1,5990
»	K. R.	Fl.	4,4220	4,0433
»	»	S.	5,4384	4,2081

je eine Minute lang getaucht. Der entstehende braunschwarze lockere Niederschlag von Kupfer und Zink wurde nach der jedesmaligen Einwirkung des Reagens sorgfältig abgewischt. Dieses Verfahren wurde so lange wiederholt, bis eine gleichmäßige Verkupferung erzielt war. Die Zahl der Tauchungen

bis zum Erscheinen der ersten Kupferflecke und die Zahl der Tauchungen, welche nötig waren, um eine vollkommene Verkupferung hervorzubringen, sind als Ergebnis der Probe zu vermerken; die gefundenen Werte sind in der Tabelle IVa wiedergegeben.

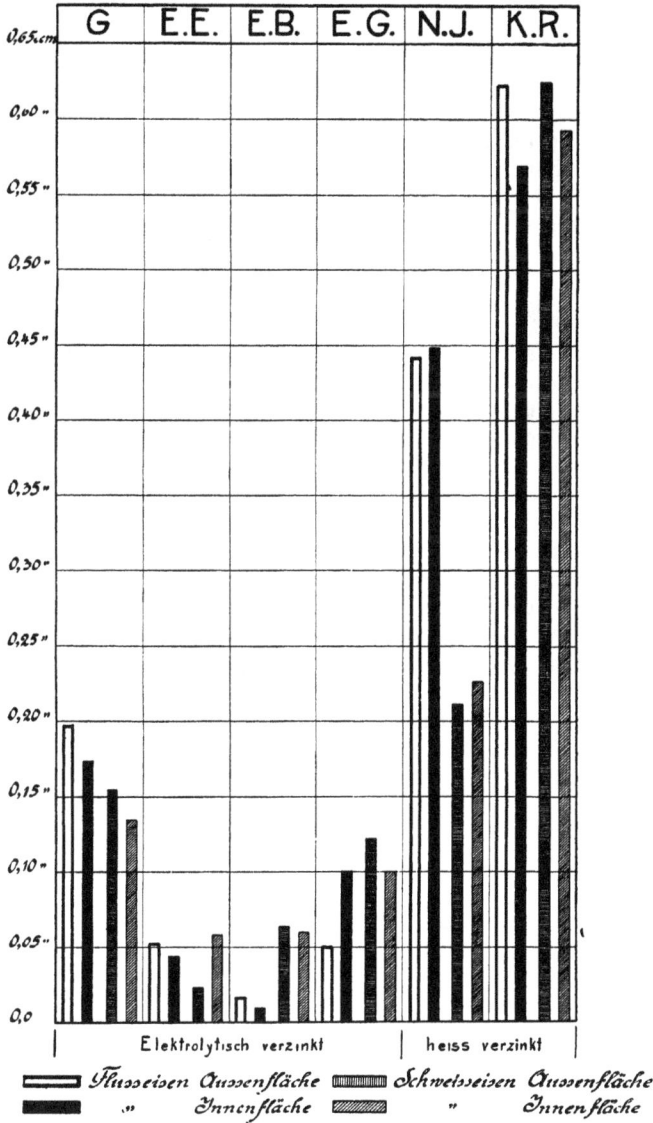

Tabelle I
Volumina der Zinkschichten in ccm.

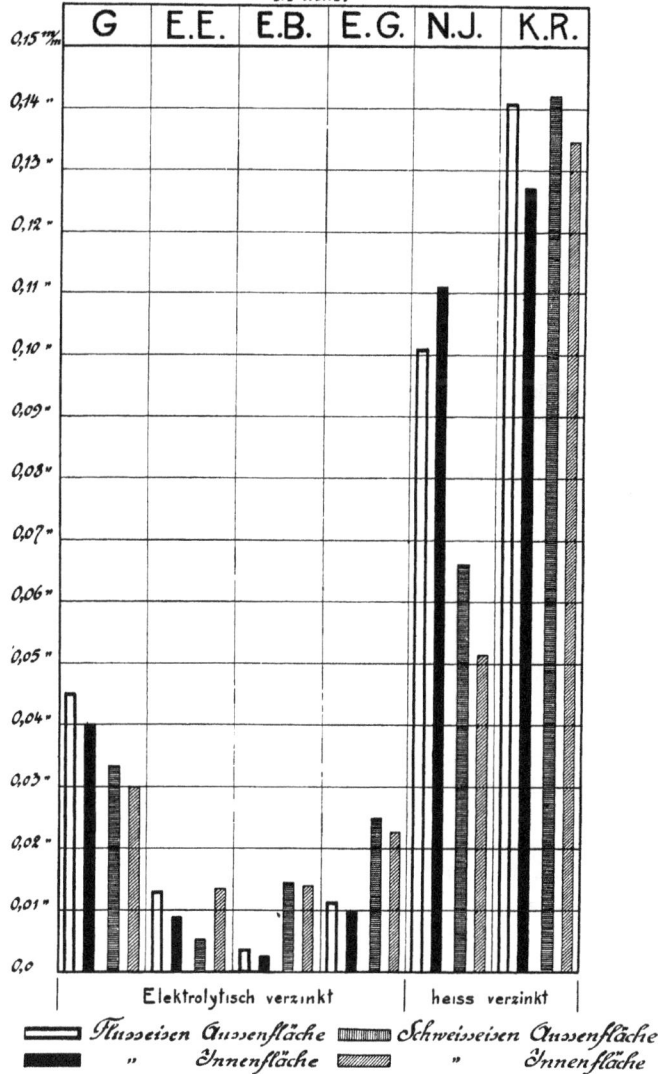

Tabelle II
Stärke der Zinkschicht in mm.

Tabelle II.
Volumina der Zinkschicht in ccm.

Art der Verzinkung	Firma	Eisensorte	Außenfläche	Innenfläche
Elektr.	G.	Fl.	0,1980	0,1740
»	»	S.	0,1550	0,1350
»	E. E.	Fl.	0,0515	0,0439
»	»	S.	0,0230	0,0583
»	E. B.	Fl.	0,0168	0,0105
»	»	S.	0,0645	0,0604
»	E. G.	Fl.	0,0496	0,0429
»	»	S.	0,1220	0,0995
Heißbad	N. J.	Fl.	0,4430	0,4880
»	»	S.	0,2910	0,2260
»	K. R.	Fl.	0,6230	0,5690
»	»	S.	0,6250	0,5930

Tabelle III.
Stärke der Zinkschicht in mm.

Art der Verzinkung	Firma	Eisensorte	Außenfläche	Innenfläche
Elektr.	G.	Fl.	0,0450	0,0400
»	»	S.	0,0329	0,0308
»	E. E.	Fl.	0,0130	0,0090
»	»	S.	0,0052	0,0133
»	E. B.	Fl.	0,0038	0,0024
»	»	S.	0,0145	0,0138
»	E. G.	Fl.	0,0113	0,0097
»	»	S.	0,0278	0,0225
Heißbad	N. J.	Fl.	0,1010	0,1109
»	»	S.	0,0661	0,0514
»	K. R.	Fl.	0,1410	0,1271
»	»	S.	0,1420	0,1348

Tabelle IV a.
CuSO₄-Probe.

Art der Verzinkung	Firma	Eisensorte	Anzahl d. Tauchungen bis zur teilweisen Verkupferung		Anzahl d. Tauchungen bis zur vollkommenen Verkupferung	
			Materialseite	Rohrseite	Materialseite	Rohrseite
Elektr.	G.	Fl.	10	9	15	14
»	»	S.	10	9	17	17
»	E. E.	Fl.	1	—	2	1
»	»	S.	1	1	2	2
»	E. B.	Fl.	—	—	1	1
»	»	S.	1	—	2	1
»	E. G.	Fl.	5	3	7	4
»	»	S.	7	4	9	8
Heißbad	N. J.	Fl.	26	26	Bei 30 Tauchungen keine Verkupferung	
»	»	S.	22	22	Bei 30 Tauchungen keine Verkupferung	
»	K. R.	Fl.	Bei 30 Tauchungen keine Verkupferung			
»	»	S.	Bei 30 Tauchungen keine Verkupferung			

Die in der Literatur vertretenen Auffassungen von der praktischen Bewertung dieser Probe sind geteilt. Es erscheint wohl nicht angängig, von den Ergebnissen dieser Probe direkte Rückschlüsse auf die Widerstandsfähigkeit des Zinküberzuges gegen die angreifenden Einwirkungen zu machen, schon deshalb nicht, weil die Zinkdecke durch ein Sulfat gelöst wird, während die auf verzinkte Rohre wirkenden zerstörenden Einflüsse im allgemeinen nicht durch den Angriff von Sulfatsalzen bedingt werden. Ferner ist zu berücksichtigen, daß der Zinküberzug vielfach nicht aus reinem Zink besteht, teils absichtliche, teils unabsichtliche Beimengungen anderer Elemente enthält, und daß die Reaktion zwischen Kupfer und Zink durch die Verunreinigungen des Zinks beeinflußt werden kann. Auch ist anzunehmen, daß der physikalische Zustand der Zinkpartikel auf dem Rohr den Ausfall der Probe modifiziert; je nach der Bildungsart der Zinkpartikel als feiner oder als grobkörniger Niederschlag (letzteres z. B. bei zu hoher Stromdichte) entstehen mehr oder weniger poröse Überzüge und je rauher der Zinküberzug, desto größer ist die Angriffsfläche in der Zeiteinheit. Dadurch lassen sich auch wohl einzelne mit der Stärke der Zinkschicht nicht in Einklang zu bringende Ergebnisse zwanglos erklären. Während z. B. das flußeiserne Rohr E. E. eine stärkere Zinkschicht aufweist als das flußeiserne Rohr E. G., genügten im ersteren Fall zwei Tauchungen, um eine vollkommene Verkupferung zu erzielen, während im zweiten Fall sieben Tauchungen zu diesem Zweck erforderlich waren; das schweißeiserne Rohr E. B. zeigt auf der Materialseite eine dem schweißeisernen Rohre E. E. an Stärke fast dreifach überlegene Zinkdecke, trotzdem genügten in den beiden Fällen die gleiche Anzahl Tauchungen, um eine zusammenhängende Kupferschicht zu erzeugen.

Die Widerstandsfähigkeit der Verzinkung wird im vorliegenden Falle wahrscheinlich auch noch durch die Beschaffenheit der Rohroberfläche beeinflußt und die erhaltenen Ergebnisse gestatten die Schlußfolgerung, daß bei den untersuchten Stücken die Haftbarkeit des Zinkes auf der Walzhaut eine geringere war als auf der Materialseite des Rohres; denn in allen Fällen konnte auf diesen Flächen selbst dann, wenn die Zinkschicht auf der Innenseite stärker war, die schnellere Bildung einer gleichmäßigen Kupferschicht beobachtet werden.

Ferner zeigen die erhaltenen Werte, daß der Zinkbelag bei den schweißeisernen Rohren eine größere Widerstandsfähigkeit gegenüber dem Angriff des Kupfersulfats besaß, als es bei den flußeisernen Rohren der Fall war; das dürfte indessen wohl eine mehr zufällige als gesetzmäßige Erscheinung sein.

Die Beobachtung, daß die Verkupferung fast ausnahmslos zunächst in einzelnen Flecken auftrat, beweist, daß die Verzinkung trotz der geeigneten Oberflächenbeschaffenheit der Versuchsstücke keine vollkommen gleichmäßige gewesen sein kann, wenn auch das fleckenweise Auftreten der Verkupferung zum Teil auf die Beschaffenheit der Rohroberfläche zurückgeführt werden muß. Denn die Walzhaut besteht meist nicht aus einer gleichmäßigen Oxydschicht, sondern zeigt je nach dem Herstellungsprozeß der Rohre mehr oder minder Stellen, an welchen die Walzhaut fehlt und das Material der Rohre zutage tritt[1]. Nach den erhaltenen Erfahrungen haftete die Zinkschicht an diesen Stellen besser als auf der Walzhaut der Rohre und wurde daher an den unverletzten Stellen leicht abgelöst.

Daß die heißverzinkten Rohre einer weit größeren Anzahl von Tauchungen widerstanden, kann bei den größeren Stärken der bei der Heißverzinkung erzielten Zinkschichten und nach den früher erhaltenen Untersuchungsergebnissen nicht auffallen.

Abnutzung der Verzinkung durch mechanische Beanspruchungen.

Um die Abnutzungsverhältnisse, welche Rohre durch Reibung des Sandes und Staubes der Atmosphäre, des Bodenschubes, durch fließendes, häufig mechanische Verunreinigungen führendes Wasser, ferner durch Stoß- und Druckwirkungen, insbesondere beim Verladen und Verlegen, ausgesetzt sein können, durch einen Versuch zu kennzeichnen, wurden die verzinkten Rohrsegmente der Einwirkung fallenden Sandes unter bestimmten Bedingungen ausgesetzt. Derartige mechanische Beanspruchungen führen oft zu örtlichen Zerstörungen von Rohren oder leiten sie ein und werden häufig unterschätzt; spröde und weiche Zinküberzüge pflegen sich Verletzungen durch mechanische Einwirkungen eher zugänglich zu zeigen als elastische und feste Zinkschichten.

Der für die Probe verwendete Apparat ist in Fig. 1 dargestellt. An einem starken eisernen Stativ ist ein Glastrichter von 30 cm oberem Durchmesser durch seitliche Versteifung

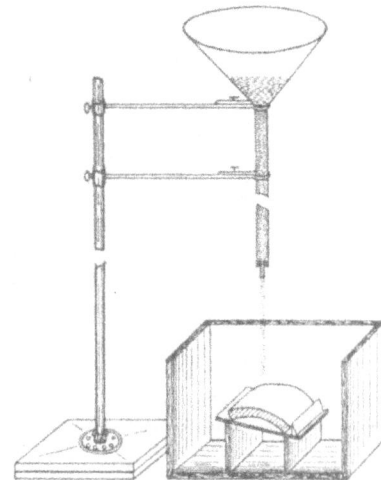

Fig. 1.

derartig befestigt, daß er während der ganzen Zeitdauer der Versuche unrückbar festgehalten wird. In die Auslauföffnungen des Trichters wird mittels eines durchbohrten Stopfens ein Stückchen Glasrohr von 3 cm Länge und 1½ cm innerer Weite gesetzt, welches durch einen Stopfen verschlossen werden kann. Senkrecht unter dem Apparat wird ein niedriges hölzernes Gestell, auf welchem eine Auflageplatte unter

---

[1] Vgl. »Über die verschiedene Art der Rostung von Guß- und Schmiederohren«, Gesundheits-Ingenieur 1910, Nr. 22 vom 8. Mai.

einer Neigung von 30⁰ befestigt ist, angebracht. Dieses Gestell wird auf dem Boden eines starken Holzbehälters verschraubt. Bei der Durchführung der Versuche muß dafür gesorgt werden, daß dieser Holzbehälter stets an die gleiche Stelle unter dem Trichter zu stehen kommt, so daß die Auflageplatte sich stets in der gleichen Entfernung (2 m) von der Auslauföffnung des Trichters und an der gleichen Stelle unter demselben befindet. Die Probestücke werden immer auf dieselbe Stelle der Auflageplatte aufgesetzt. Es gelingt auf diese Weise, die Versuchsbedingungen gleichmäßig zu gestalten.

Die Ausführung der Versuche erfolgte folgendermaßen: nach Verschließen der Trichterauslauföffnung wurden 5 kg Quarzsand von einer Korngröße von ungefähr $^2/_3$ bis 1 mm Durchmesser in den Trichter eingebracht. Die verzinkten Rohrstücke wurden auf die Auflageplatte gesetzt. Durch Entfernen des Verschlußstopfens wurde das Herabfallen des Sandes bewirkt. Der gleiche Vorgang wurde je fünfmal für jede Seite des Probestückes wiederholt. Nach je fünfmaligem Sandfall wurde gewogen. Auf diese Weise wurde ein Bild von der Haftbarkeit der Verzinkung sowohl auf der natürlichen Rohroberfläche wie auf dem Eisenmaterial (Materialseite) selbst gewonnen. Die Ergebnisse der Probe sind in den Tabellen IV zahlenmäßig und graphisch wiedergegeben.

Es wäre verfehlt, allein von den Ergebnissen dieser Probe auf die Güte einer Verzinkung schließen zu wollen; denn die Abnutzungsverhältnisse, auf welche von derartigen Proben direkt geschlossen werden kann, sind naturgemäß begrenzte. Der fallende Sand übt seine Wirkung nach zwei wohldefinierten Richtungen hin aus. Es wird beim Auftreffen des Sandes eine kurze Stoß- und beim Hinabrieseln des Sandes auf der Oberfläche des Versuchsstückes eine reibende Wirkung ausgeübt. Die in der Praxis über viele Jahre ausgedehnten schwachen mechanischen Beanspruchungen der Rohre bzw. ihrer Verzinkung werden bei der vielleicht etwas intensiven Prüfung durch die Sandfallprobe auf einen kurzen Zeitraum gewissermaßen konzentriert. Nur in diesem Sinne sind auch die Ergebnisse der Probe aufzufassen und zu bewerten.

Die gefundenen Werte zeigen, daß die Haftbarkeit der Verzinkung auf der Außenseite, d. h. auf der Materialseite der Rohre, durchgängig eine bessere war als auf der noch mit der Walzhaut versehenen Innenseite. Daraus läßt sich schließen, daß das der Verzinkung vorgehende Dekapieren im allgemeinen nicht sorgfältig genug vorgenommen wurde. Eine gute Ausnahme bilden die heißverzinkten Rohre der Firma K. R.

Zum Teil zeigen die erhaltenen Zahlen bei Berücksichtigung des Prozentverhältnisses der Gewichtsverluste zur gesamten Zinkmenge sehr hohe Abnahmen. Das kann zum Teil nur auf eine große Sprödigkeit des Zinküberzuges zurückzuführen sein, weil der Teil der Oberfläche, welcher von dem fallenden Sandstrahl direkt getroffen wird, verhältnismäßig klein ist. Zum Teil war der Zinküberzug so spröde und dünn, daß schon beim ersten Sandfall das Eisen zutage trat und die weiteren Sandfälle das Eisen trafen. In diesem Falle mußte von einer Wiedergabe der erhaltenen Werte abgesehen werden, weil durch den Sandfall anscheinend Eisenpartikel mitgerissen worden waren und dadurch sich prozentual berechnet ein zu hoher und deshalb unrichtiger Gewichtsverlust ergab.

Werden die für die heißbadverzinkten Rohre einerseits und für die elektrolytische Verzinkung anderseits gefundenen Werte gegenübergestellt, so ergibt sich zweifellos eine Überlegenheit der Heißbadverzinkung; die durch die Sandfallprobe erhaltenen Gewichtsverluste sind bei den heißbadverzinkten Rohren durchweg kleiner, zum Teil viel geringer als bei der elektrolytischen Verzinkung. Die Haftbarkeit der Verzinkung bei den untersuchten Rohren gegenüber Reib- und Stoßwirkungen weist bei der Heißverzinkung allgemein

bessere Ergebnisse auf, und anderseits haftet die Verzinkung auf der Materialseite der Rohre besser als auf der natürlichen Oberfläche.

Tabelle IV.
Zinkverlust bei der Sandfallprobe in %.

Verfahren	Firma	Eisen-sorte	Verlust an der Außenfläche	Verlust an der Innenfläche
Elektr.	G.	Fl.	0,45	1,37
»	»	S.	1,41	3,08
»	E. E.	Fl.	1,92	16,11
»	»	S.	6,94	5,40
»	E. B.	Fl.	?	?
»	»	S.	1,79	1,36
»	E. G.	Fl.	0,09	0,399
»	»	S.	0,76	1,26
Heißbad	N. J.	Fl.	0,03	0,72
»	»	S.	0,02	0,78
»	K. R.	Fl.	0,04	0,10
»	»	S.	0,00	0,06

Tabelle IV.
Zinkverluste bei der Sandfallprobe in Prozenten.

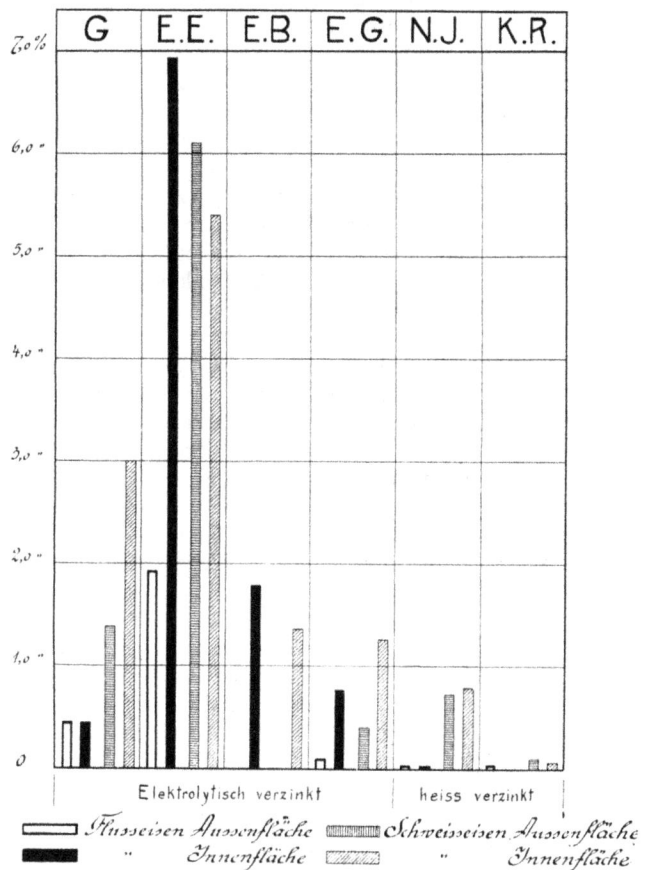

Metallographische Prüfung.

Eine Ergänzung fand die Sandfallprobe durch eine metallographische Prüfung. Aus den Versuchsstücken wurden Querschnitte (s. Fig. 3) entnommen, welche sehr vorsichtig auf der schwarz gezeichneten Fläche geschliffen, poliert und bei senkrechter Beleuchtung und h u n d e r t f a c h e r V e r g r ö ß e r u n g photographisch aufgenommen wurden. Die Prüfung brachte nicht nur gewisse zwischen den einzelnen Verzinkungsverfahren, sondern auch die zwischen den beiden Rohroberflächen (äußere Zinkschicht A, innere Zinkschicht J, Fig. 4) bestehenden Unterschiede sehr gut zum Ausdruck: sie gab Aufschluß über die Haftbarkeit, die Art des Aufsitzens der Zinkschicht auf den Versuchsstücken und über die Sprödigkeit, Dehnbarkeit und die Stärkenverhältnisse der Überzüge.

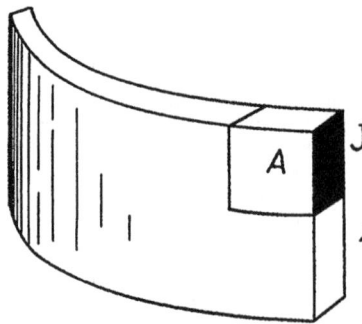

Fig 3.
Rohrsegment (Ansicht).

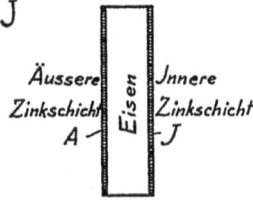

Fig. 4.
Rohrsegment (Querschnitt)

Schon beim vorsichtigsten Anschleifen der Querschnitte traten erhebliche Unterschiede auf, welche über den Grad der Sprödigkeit, Dehnbarkeit Aufschluß gaben und die Haftbarkeit der Zinkschicht bewerten ließen.

Als ungünstig mußten die Fälle angesehen werden, bei welchen die Zinkschicht schon beim vorsichtigsten Anschleifen teils infolge ihrer spröden Beschaffenheit, teils infolge mangelhaften Kontaktes mit dem Unterlagmetall fast wie Glas absprang. Diese Erscheinung wurde regelmäßig bei den Versuchsstücken E. E. und E. B. beobachtet; es war nicht möglich, zu verhindern, daß die Zinkschicht nicht abplatzte, sie fehlt daher auf den metallographischen Aufnahmen Fig. 5 und 6.

Diese Versuchsstücke erforderten auch bei der Kupfersulfatprobe die wenigsten Tauchungen bis zur Verkupferung und ergaben ferner bei der Sandfallprobe ungünstigere Werte.

Ein sehr viel besseres Bild zeigten elektrolytisch verzinkte Rohre, bei welchen sich die Zinkschicht während des vorsichtigen Anschleifens zwar von dem Eisen löste, aber zum größten Teil noch den inneren Zusammenhang und eine gewisse Festigkeit bewahrte. Die Zinkschicht erwies sich als nicht spröde oder brüchig und bog sich daher meist beim vorsichtigen Anschleifen ab oder bog sich um. Derartige Erscheinungen zeigten einige von den Firmen G. und E. G. verzinkte Versuchsstücke; diese Verfahren weisen also in der genannten Richtung eine Überlegenheit gegenüber den der Firmen E. E. und E. B. auf, stehen aber ihrerseits wieder den im Heißbade verzinkten Versuchsstücken insofern nach, als auch hier noch der feste Zusammenhang des Zinküberzuges mit dem Unterlagsmetall fehlte.

Die im Heißbad verzinkten Stücke zeigten ein wesentlich anderes Verhalten; sie vertrugen selbst stärkeres Schleifen, ohne daß die Zinkschicht absprang oder sich sonst auf andere Weise ablöste. Die Ergebnisse stimmen auch hier mit den bei der Sandfallprobe erhaltenen Werten überein. Namentlich bei einigen feuerverzinkten Segmenten war offenbar eine vollständige Amalgamierung zwischen Zink und Eisen erfolgt, und auf den photographischen Bildern ist zum Teil kaum die Trennungslinie zu beobachten.

Aus den metallographischen Aufnahmen sind die obengenannten Unterschiede ohne weiteres sichtbar. Fig. 5 bis 10 stammen aus elektrolytisch verzinkten Rohren, Fig. 11 bis 13 aus den im Heißbad verzinkten Stücken. Aus den Bildern ergeben sich auch ohne weiteres die verschiedenen Stärkenverhältnisse der Zinküberzüge.

Die einzelnen Beobachtungen sind folgende:

Verzinkung G. (Fig. 7 bis 9): Die Zinkschicht war nicht abnorm spröde und zeigte mit Ausnahme einiger Versuchsstücke so viel innere Festigkeit, daß sie beim Schleifen und Polieren (4 bis 5 Minuten) nicht scharf absprang, sondern teilweise in ihrer ganzen Stärke auf den Versuchsstücken,

trotz der vorhandenen Trennungsschichten zwischen Zink und Eisen, noch haften blieb oder nur an einzelnen Stellen, namentlich bei den schweißeisernen Segmenten, sich umbog (z. B. Fig. 8 b und 9 b). Bei einigen flußeisernen Stücken fand freilich schon beim Anschleifen ein scharfes Abspringen der Zinkschicht oder Teile derselben statt, was bei längerem Schleifen stets der Fall war; die Zinkschicht selbst war im allgemeinen annähernd gleichmäßig und auf den inneren Peripherien der Rohre meist etwas dünner.

Verzinkung E. E. (Fig. 6 a und 6 b): Die Zinkschicht war sehr spröde und sprang beim Schleifen der Versuchsstücke scharf wie Glas ab; ihre Haftbarkeit muß sowohl auf den flußeisernen wie schweißeisernen Rohren als sehr gering bezeichnet werden. Trotz vorsichtigsten Schleifens war es nicht möglich, die Zinkschicht oder Teile derselben auf den Versuchsstücken für die mikrophotographische Aufnahme zu erhalten. Fig. 6 a stellt die äußere, Fig. 6 b die innere Peripherie des flußeisernen Rohres dar; von der Wiedergabe der Bilder des schweißeisernen Rohres ist abgesehen worden, da diese keine Besonderheiten zeigten.

Verzinkung E. B. (Fig. 5 a und 5 b): Wie die Aufnahmen zeigen, sind die Zinkschichten der schweißeisernen Rohre beim Bearbeiten der Schliffstücke vollständig und scharf abgesprungen.

Verzinkung E. G. (Fig. 10): Von den elektrolytisch verzinkten Rohren hafteten diese Zinküberzüge am besten; selbst nach längerem Schleifen und Polieren wurde kein scharfes Abspringen des Zinks beobachtet; die Schichten bogen sich nur um. Die Fig. 10 a (außen) und 10 b (innen) zeigen die umgebogenen Zinkschichten des flußeisernen Rohres.

Wesentlich andere Bilder sind in den aus den heißbadverzinkten Rohren erhaltenen Figuren zu sehen. Bei allen heißbadverzinkten Rohren ist folgendes zu beobachten: Wie schon erwähnt, besteht keine Trennungsschicht zwischen Zink und Eisen, sondern nur eine Berührungslinie, das Zink hat alle Unebenheiten der Rohroberfläche ausgefüllt, und die Zinkschicht erscheint sehr viel stärker. Es war nicht erforderlich, besonders vorsichtig zu schleifen oder zu polieren.

Bei der Verzinkung N. J. (Fig. 11 und 12) wurde bei mehreren Versuchsstücken ein teilweises Umbiegen der Zinkschicht nach etwas längerem Schleifen festgestellt (Fig. 12 a [außen] Fig. 12 b [innen]).

Bei Verzinkung K. R. (Fig. 13) lösten sich die Zinkschichten überhaupt nicht ab, auch nach längerem Schleifen und Polieren nicht und bogen sich auch nicht um.

Verhalten der verzinkten Stücke in fließendem Leitungswasser.

Entsprechend ihrem Hauptzweck als Leitungsmaterial von wässerigen Flüssigkeiten wurden die verzinkten Rohre für die Dauer von acht Monaten dem Einfluß fließenden Wassers ausgesetzt. Über Beschaffenheit und Zusammensetzung des Leitungswassers geben folgende Analysenwerte einige Anhaltspunkte:

Aussehen	klar, farblos
Reaktion	neutral
Trockenrückstand	0,2780 g im Liter
Glühverlust	0,0950 » » »
Kalk	0,1350 » » »
Magnesia	0,0126 » » »
Eisen	Spuren
Kieselsäure	0,0230 » » »
Schwefelsäure	0,0370 » » »
Chlor	0,0285 » » »
Salpetersäure	Spur
Freie Kohlensäure	0,0090 » » »
Halb gebundene Kohlensäure	0,0070 » » »
Verbrauch an Permanganat .	0,0110 » » »

Fig. 5a.
Verzinkung EB
(Außenschicht)

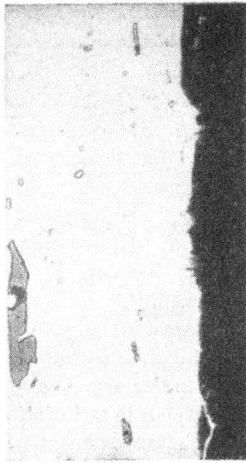

Fig. 5b.
Verzinkung EB
(Innenschicht).

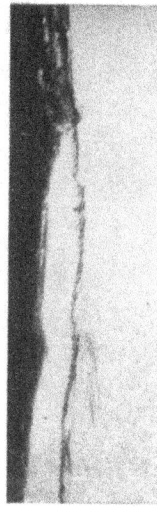

Fig. 8a.
Verzinkung G
(Außenschicht).

Fig. 8b.
Verzinkung G
(Innenschicht).

Fig. 6a.
Verzinkung EE
(Außenschicht).

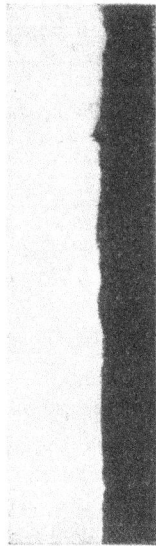

Fig. 6b.
Verzinkung EE
(Innenschicht).

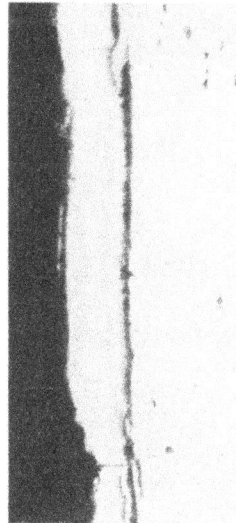

Fig. 9a.
Verzinkung G
(Außenschicht).

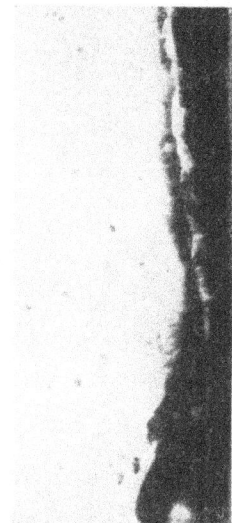

Fig. 9b.
Verzinkung G
(Innenschicht).

Fig. 7a.
Verzinkung G
(Außenschicht)

Fig. 7b.
Verzinkung G
(Innenschicht).

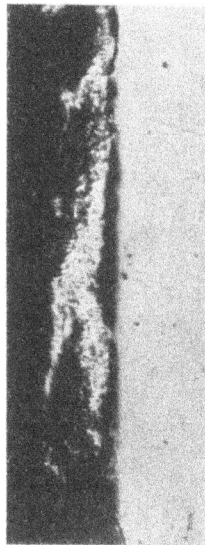

Fig. 10a.
Verzinkung EG
(Außenschicht).

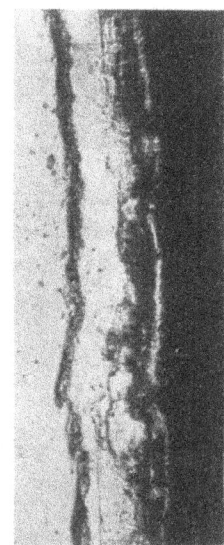

Fig. 10b.
Verzinkung EG
(Innenschicht).

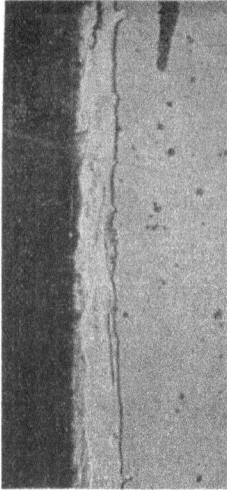

Fig. 11a.
Verzinkung *NJ*
(Außenschicht).

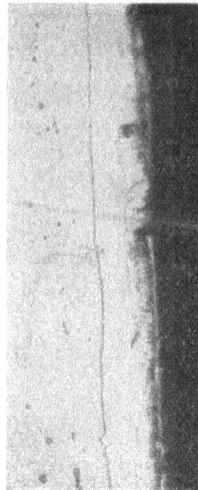

Fig. 11b.
Verzinkung *NJ*
(Innenschicht).

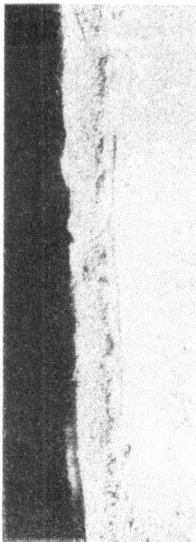

Fig. 12a.
Verzinkung *NJ*
(Außenschicht).

Fig. 12b.
Verzinkung *NJ*
(Innenschicht).

Fig. 13a.
Verzinkung *KR*
(Außenschicht).

Fig. 13b.
Verzinkung *KR*
(Innenschicht).

Ammoniak . . . . nicht nachweisbar
Gesamthärte . . . . . . bis 15⁰ d. H.
Temporäre Härte . . . . bis 9⁰ d. H.

Die Zuführung des Wassers geschah indirekt. Die Gefäße, in welchem die Versuche vorgenommen wurden, wurden durch eine Zwischenwand, welche über den Flüssigkeitsspiegel hinausragte, in zwei Abteilungen geteilt; die Scheidewand reichte bis ungefähr 1 cm auf den Boden des Gefäßes, so daß die Kommunikation zwischen der einen Abteilung des Gefäßes, in welche die Wasserzuführung von oben her erfolgte, und der anderen Abteilung, in welcher das Versuchsstück hing, durch den zwischen Scheidewand und Gefäßboden befindlichen Zwischenraum geschah. Die Hauptzuführung des Wassers erfolgte von einem zentralen Rohr, von welchem rechts und links Zuleitungen zu den einzelnen Gefäßen abgezweigt waren. Die Regulierung der Wasserleitung wurde durch Schraubenquetschhähne in der Weise erreicht, daß 1 l Wasser innerhalb sechs Minuten durch jeden Zylinder strömte.

Der durch die lösende Wirkung und den mechanischen Angriff des fließenden Wassers hervorgerufene Zinkverlust ist nach den erhaltenen Zahlen nicht gering. Die Durchschnittswerte der Abnahmen betragen:

b e i   d e n   e l e k t r o l y t i s c h   v e r z i n k t e n
R o h r e n :

	Abs. Gew. in g	In % der Zinkmenge
Flußeisenrohr	0,0657	5,39
Schweißeisenrohr . . .	0,0509	4,09

b e i   d e n   h e i ß b a d v e r z i n k t e n   R o h r e n :

	Abs. Gew. in g	In % der Zinkmenge
Flußeisenrohr	0,1106	1,24
Schweißeisenrohr . . .	0,1049	1,23

Demnach ist der Gewichtsverlust im absoluten Gewicht bei den elektrolytisch verzinkten Rohren im Durchschnitt genommen geringer als bei den heiß verzinkten Rohren, während das Verhältnis prozentual der gesamten Zinkmenge eine derartige Umkehr erfährt, daß in diesem Falle der Gewichtsverlust der heißverzinkten Rohre nur ungefähr ¼ der elektrolytisch verzinkten Rohre beträgt.

Die Beschaffenheit des Zinks selbst wird bei dem Angriff des Wassers eine Rolle spielen. Schon im Eingang der vorliegenden Ausführungen wurde darauf hingewiesen, daß die Lösungsfähigkeit von Metallen durch einen Gehalt an fremden Stoffen erhöht wird. Diese Verhältnisse treffen nicht nur dort zu, wo es sich um Lösung in Säuren handelt, sondern auch bei Lösungen im Wasser; denn die Grundlagen dieser beiden Vorgänge sind ja im Grunde genommen dieselben, da sie auf elektrolytischen Prozessen beruhen und zu diesen elektrolytischen Prozessen in erhöhtem Maße Gelegenheit gegeben ist, je mehr die Möglichkeit zur Bildung von Potentialunterschieden vorhanden ist.

Aber auch die Art der Ausführung der Verzinkung wird für die Beständigkeit des Zinküberzuges im Wasser maßgebend sein, wie die stattgehabten verschiedenen Gewichtsabnahmen bei den einzelnen, nach den verschiedenen Verfahren verzinkten Rohrsegmenten anzuzeigen scheinen. Da nach Feststellungen anderer Autoren die elektrolytisch erzeugten Zinküberzüge poröser sind, wird auch dieser Gesichtspunkt zu berücksichtigen sein.

Das günstigste Verhalten gegen Wasser haben auch bei dieser Prüfung wieder die heißbadverzinkten Stücke K. R. ergeben.

Der Unterschied der Gewichtsabnahmen bei den beiden Rohrsorten ist gering; bei den elektrolytisch verzinkten

Rohren sowohl wie auch den heißbadverzinkten sind die Gewichtsverluste auf dem Flußeisenmaterial etwas größer als bei den Schweißeisenrohren.

Tabelle V.
Gewichtsverluste in fließendem Wasser.

Art der Verzinkung	Firma	Eisen-sorte	Anfangs-gewicht	End-gewicht	Absoluter Gewichts-verlust	Gewichts-verlust in %
Elektr.	G.	Fl.	236,7267	236,6332	0,0935	3,11
”	”	S.	269,5975	269,4929	0,1046	4,30
”	E. E.	Fl.	251,2740	251,1154	0,0686	8,56
”	”	S.	266,6745	266,6400	0,0645	9,58
”	E. B.	Fl.	248,7528	248,6900	0,0428	19,16
”	”	S.	274,7935	274,7370	0,0565	4,45
”	E. G.	Fl.	232,8579	232,7900	0,0679	8,88
”	”	S.	269,7179	269,6400	0,0779	4,25
Heißbad	N. J.	Fl.	268,0975	267,9470	0,1505	2,09
”	”	S.	252,1678	252,0460	0,1218	2,66
”	K. R.	Fl.	247,6308	247,5600	0,0708	0,71
”	”	S.	262,5070	262,4190	0,0880	0,79

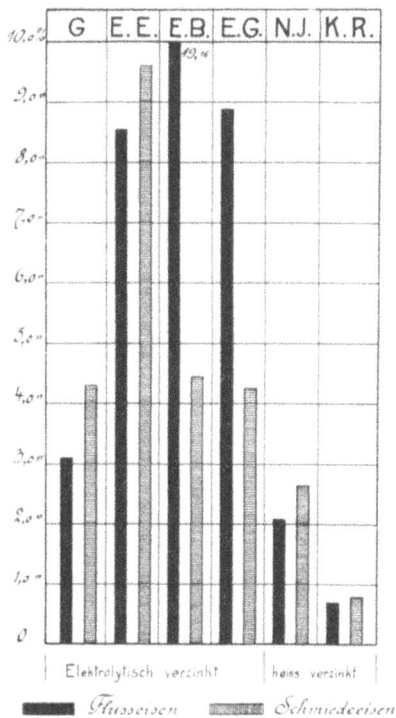

Tabelle V.
Zinkverluste in fließendem Wasser in Prozenten.

Zusammenfassung.

Die Verwendung von Zinküberzügen zum Schutze eiserner Rohre weist eine Reihe von Vorteilen auf, welche in den zwischen Eisen und Zink bestehenden elektrochemischen Beziehungen begründet sind.

Die Widerstandsfähigkeit einer Verzinkung gegen äußere Einwirkungen ist in erster Linie von der S t ä r k e der Zinkschicht und ihrer H a f t b a r k e i t auf dem Unterlagmetall abhängig. Die Zinkschicht selbst muß eine gewisse Dichtigkeit und Dehnbarkeit besitzen, möglichst frei von fremden Metallen, insbesondere von Blei und lückenlos auf das Eisen aufgetragen sein.

Die Stärke der Zinkschicht kann nie groß genug sein, sie wird aber in der Praxis aus wirtschaftlichen Gründen eine Beschränkung erfahren und nach den jeweilig vorliegenden Verhältnissen zu bemessen sein. Eine Auflage von 300 bis 350 g Zink pro qm Fläche sollte aber als Mindestschichtstärke für eine Rohrverzinkung festgesetzt werden. Ungleichmäßigkeit in der Stärke der Zinkschicht wird in der Praxis nur dann von Bedeutung sein können, wenn die Zinkschicht an ihren dünnsten Stellen die Mindeststärke nicht erreicht.

Von den beiden in der Rohrindustrie eingeführten Verzinkungsarten, der Heißbad- oder Feuerverzinkung und der Verzinkung auf elektrischem Wege, hat das H e i ß b a d v e r - f a h r e n bei richtiger Anwendung die Vorzüge, daß die Zinküberzüge fest auf dem Unterlagmetall haften, daß die Gefahr der Entstehung ungenügend starker Zinkschichten an einzelnen Teilen des Rohres bei dem Wesen der Feuerverzinkung (Tauchen der Röhren in flüssiges Zink) wohl ausgeschlossen ist und daß selbst die dünnsten Stellen eine hinreichende Stärke der Zinkschicht aufweisen. Die durch die Sandfallprobe und die metallographische Prüfung gewonnenen Untersuchungsergebnisse beweisen, daß bei den Versuchsstücken die Zinküberzüge fest auf dem Rohr aufsitzen, ohne eine Trennungszone zwischen Eisen und Zinkschicht zu lassen, und die Zinküberzüge stark, dicht, dehnbar, nicht spröde sind und daher auch nicht abspringen. Besonders gilt dies von dem mit *KR* bezeichneten Verzinkungsverfahren.

Die e l e k t r o l y t i s c h e V e r z i n k u n g gestattet die Herstellung gleichmäßiger und beliebig starker Schutzüberzüge. Ein Teil der untersuchten elektrisch verzinkten Stücke (*EB* und *EE*) zeigte aber eine sehr geringe Haftbarkeit der Zinkschicht auf dem Eisen und eine gewisse Sprödigkeit, so daß die Schicht schon bei der geringsten mechanischen Behandlung der Rohre absprang. Die Stärke der Zinkschicht war auch teilweise so gering bemessen, daß eine Schutzwirkung praktisch kaum in Frage kommen kann. Sehr viel bessere und zum Teil gute Ergebnisse bezüglich der Haftbarkeit, Dehnbarkeit und Stärke der Zinkschicht wurden bei den mit *E. G* und *G* bezeichneten elektrischen Verzinkungsverfahren erzielt, wenn auch die gewonnenen Werte besonders die für die Haftbarkeit auf dem Eisen den Ergebnissen der Heißbadverzinkung zurzeit noch wesentlich nachstehen.

Bei der achtmonatlichen Einwirkung von fließendem Leitungswasser auf die verzinkten Versuchsstücke entstanden Zinkverluste, welche ihren absoluten Werten nach bald bei den Heißbad-, bald bei den elektrisch verzinkten Rohren größer waren, im Durchschnitt sind die absoluten Verlustwerte bei den elektrisch verzinkten Rohren geringer; prozentual berechnet betrug der Zinkverlust bei den elektrisch verzinkten Rohren 3,11 bis 19,16% bzw. 9,58% (nämlich bei Ausschaltung des Flußeisenrohres *EB*), im Durchschnitt 7,79 bzw. 6,16%, bei den heißbadverzinkten Stücken im Durchschnitt nur 1,56%.

Druck von R. Oldenbourg in München.

www.ingramcontent.com/pod-product-compliance
Lightning Source LLC
Chambersburg PA
CBHW062016210326
41458CB00075B/6106